REPORTS FROM

THE BOTANICAL INSTITUTE, UNIVERSITY OF AARHUS

No. 11

Dinámica y adaptaciones de las plantas vasculares de dos ciénegas tropicales en Ecuador

por

E. Bravo Velásquez y H. Balslev

1985

Contribution No. 67 from the AAU-Ecuador project

i

Botanical Institute
University of Aarhus
Nordlandsvej 68
DK-8240 Risskov
Denmark

ISSN 0105-4236
ISBN 87-87600-14-5

ii

CONTENIDO.

PREFACIO.

La presente publicación es uno de los resultados de la colaboración entre botánicos ecuatorianos y daneses, empezada en 1968 al realizar la primera expedición danesa al Ecuador. Durante muchas expediciones posteriores los botánicos daneses hemos disfrutado de la hospitalidad del pueblo ecuatoriano y de las instituciones científicas del país. Especialmente la acogida por parte de nuestros colegas del Departamento de Biología de la Pontificia Universidad Católica del Ecuador de Quito merece nuestra gratitud. Desde el año 1979 la colaboración se ha expresado en la residencia de un botánico danés en Quito, colaborando con el Departamento de Biología, tanto en el manejo del herbario como en la enseñanza de la botánica. Una parte de la enseñanza consiste en asesorar a los estudiantes del Departamento en sus trabajos de investigación sobre la flora y vegetación del Ecuador.

La Lcda. Elizabeth Bravo Velásquez empezó su trabajo de tesis durante mi estancia en Quito como profesor de botánica de 1979 a 1981. Continuó y terminó su trabajo bajo la dirección del Dr. Henrik Balslev quien permaneció en Quito de 1981 a 1984. Me alegra ver que este resultado de nuestra colaboración ahora sale publicado.

Dr. L. B. Holm-Nielsen
Director del Instituto Botánico
Universidad de Aarhus

iv

AGRADECIMIENTOS.

Agradecemos a todos los que hicieron posible este estudio, creando un ambiente provechoso para los estudios botánicos. Mención especial merece la Dra. Laura Arcos-Terán, así como otros colegas y compañeros del Departamento de Biología. El Ing. Alberto Ortega y el personal del Instituto de Ciencias Naturales de la Universidad Central nos ayudaron en muchos aspectos. Más de una vez la Srta. Patricia Gómez participó en las expediciónes a los lugares de investigación, llevadas a cabo por la autora. Finalmente habrá que mencionar el apoyo que prestaron el Dr. y la Sra. Bravo Velásquez durante todo el estudio.

1 INTRODUCCION.

Este trabajo es un estudio de las especies y de las formas de vida vegetales que se desarrollan en dos ciénagas naturales de la Provincia de Manabí, Ecuador. Estas especies están afectadas por el clima, especialmente por la precipitación que tiene una distribución anual cíclica; y por una serie de factores limitantes propios del ecosistema de agua dulce (deficiencia de oxígeno, anhidrido carbónico, luz solar, sales orgánicas, falta de sustrato para enraizarse) a lo que han respondido mediante una serie de mecanismos adaptativos y una dinámica característica.

El propósito de este estudio fue estudiar la vida vegetal de las dos ciénagas y describir sus adaptaciones y respuestas a los factores ecológicos dominantes. El estudio se dividió en cuatro partes.

Primero se elaboró un inventario taxonómico de las especies presentes en las ciénagas. Este inventario incluye 28 especies de plantas vasculares.

En segundo lugar se estudió las 28 especies para clasificarlas según criterios ecológicos, es decir a base de sus formas de vida. Las últimas representan diferentes maneras de responder a las condiciones ecológicas de los sitios estudiados. Las formas de vida están adaptadas a diferentes nichos de las ciénagas. Se reconoció 6 diferentes formas de vida:

1. Plantas marginales.
2. Plantas rastreras.
3. Plantas emergentes.
4. Plantas de hojas flotantes.
5. Plantas flotantes.
6. Plantas sumergidas.

En tercer lugar se observó los cambios en la abundancia de plantas de cada especie y cada forma de vida durante el año. Resultó que los cambios en la abundancia tienen una relación estrecha con los cambios climáticos, especialmente con la precipitación.

La última parte del estudio incluye varias observaciones de morfología y anatomía de las especies que explican sus adaptaciones a los nichos ocupados por ellas.

El trabajo de campo de este estudio se realizó por Elizabeth Bravo únicamente, mientras que el análisis de los datos se llevó a cabo por los dos autores.

2 LUGARES DE INVESTIGACION.

Las áreas de estudio están localizadas en la zona central de la Provincia de Manabí, a 20 Km una de la otra (Fig. 1). La vegetación natural del área es la típica del bosque seco, aunque una de las ciénagas actualmente está rodeada de pasto para la ganadería.

La ciénaga El Bejuco se encuentra en el Cantón Chone, Parroquia Santa Rita, recinto El Bejuco, a 5.3 Km al Este de Chone, en la vía Chone-El Carmen. La ciénaga se alimenta del agua de la lluvia que cae durante los meses de invierno (diciembre - abril) y por el desbordamiento del Río Chone, que en este punto cambia de nombre por el Río Grande, que cruza a unos 200 metros de la ciénaga. La ciénaga se utiliza para pastoreo de vacuno (mayo - noviembre). Su área aproximada es de una hectárea. Por estar totalmente rodeada de tierra firme cultivada, y alejada de otras ciénagas, se considera como un ecosistema aislado. Por el tipo de vegetación se la puede dividir en tres zonas. La zona exterior al borde del camino, que permanece seca desde septiembre hasta diciembre, se inunda durante el invierno, así que a partir de mayo está lodosa. La vegetación varía durante el año, pero las especies más características son _Limnobium laevigatum_ y _Eichhornia crassipes_. La zona al pie de una loma constituye un límite que impide que la ciénaga siga extendiéndose. El suelo permanece lodoso durante todo el año, haciéndose un poco más anegado en invierno. Esta zona está ocupada principalmente por _Thalia geniculata_ y _Ceratopteris pteridioides_. La zona interior permanece anegada todo el año, pero su tamaño aumenta o disminuye de acuerdo con la precipitación. Especies características son _Hydrocotyle umbellata_ y _Pistia stratiotes_.

La ciénaga La Chivera se encuentra en los límites de los cantones Sucre y Chone, a 1 Km del campamento del Centro de Rehabilitación de Manabí - CRM - en Simbocal, en un camino de verano a 1 Km de la carretera Chone-Bahía, Km 28. La ciénaga pertenece a un sistema cenagoso llamado La Sabana. El área aproximada de la ciénaga es de una hectárea. Se utiliza para el cultivo del pez _Dormitator latifrons_ ("Chame"). La ciénaga está dividida en dos sectores por el camino de verano: el sector oeste que recibe agua salobre

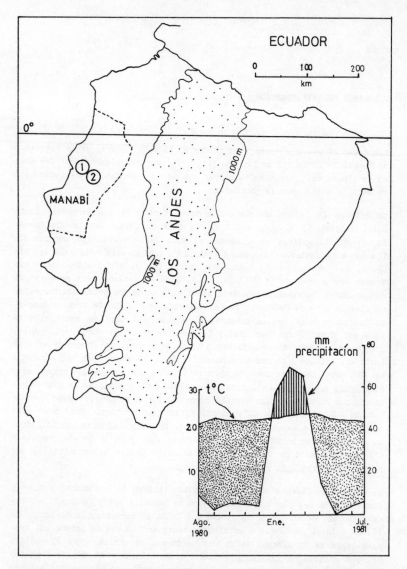

FIG. 1. Mapa del Ecuador indicando los sitios de estudio. - 1, La Chivera, - 2, El Bejuco. El diagrama climático muestra la temperatura y la precipitación promedias mensuales en el aeropuerto Los Perales de agosto de 1980 a julio de 1981.

procedente de esteros, haciendo su vegetación halófita. Se encuentra por ejemplo _Rhizophora_ _mangle_, una especie formadora de manglar. El sector este tiene un índice de salinidad menor, alimentándose del agua de la lluvia y de la creciente del Río Chone que al desbordarse inunda toda la zona de La Sabana. El trabajo se restringue a este sector.

El clima de la Provincia de Manabí tiene dos estaciones: una húmeda o invierno que va desde fines de diciembre hasta abril; y otra seca o verano que va desde mayo hasta mediados de diciembre. Durante el período de estudio se registró en el Aeropuerto Los Perales - Bahía - una temperatura promedio de 26.5° C en invierno y 24.6° C en verano; una precipitación de 206.1 mm en invierno y 26.8 mm en verano. (Dirección de Aviación Civil - Meteorología, 1980-1981).

En Fig. 1 se diagrama la precipitación caída cada mes y el promedio de temperatura mensual del año de estudio. Todos los meses en que la curva de precipitación está bajo la curva de temperatura son meses secos; los que tienen la curva de precipitación sobre esta línea son meses húmedos (Dajoz, 1979).

3 MATERIALES Y METODOS.

El presente trabajo está dividido en cuatro partes: Inventario taxonómico, Formas de vida, Dinámica de las formas de vida y Adaptaciones de las formas de vida. En cada parte se utilizó diferentes materiales y métodos:

a) **Inventario taxonómico:**
Materiales de herbario: prensa, correas, cartón corrugado, papel secante, secadora de plantas y etiquetas.

Materiales de campo: fundas plásticas, podadora, libreta de campo, alcohol o FAA (material conservativo compuesto por alcohol, formol y ácido acético en una proporción 3:1:1).

En el campo cada especie colectada se guardó en una funda plástica, se describió y se le dio un número. Luego se prensó y secó según métodos convencionales.

Las colecciones se realizaron sobre todo en las primeras visitas, haciéndose colecciones posteriores sólo cuando se encontraban especies no colectadas anteriormente, o colectadas sin flores. Algunas de las especies presentes tanto en El Bejuco como en La Chivera fueron colectadas en ambos sitios con diferentes números. Cuando los viajes se prolongaban por varios días, se puso las plantas en alcohol o FAA.

Algunas especies fueron colectadas dentro del programa de la Universidad de Aarhus, Dinamarca, en una serie empezando con las letras AAU. Duplicados de estas muestras se encuentran en el Herbario QCA. Las muestras botánicas están montadas en el Herbario de la Universidad Católica de Quito (QCA).

b) **Formas de vida:**
Para el estudio de las formas de vida se realizó observaciones directas en los dos sitios de estudio, tomando en cuenta los siguientes parámetros: las características morfológicas de crecimiento, formas de enraizarse, condiciones de humedad y sustrato y el espacio físico ocupado por cada una de las especies presentes. Estas observaciones fueron anotadas en el cuaderno de campo.

c) **Dinámica de las formas de vida:**

Para estudiar la dinámica de las formas de vida se visitó las dos ciénagas con intervalos regulares entre el mes de agosto de 1980 y el mes de julio de 1981 en las siguientes fechas:

		El Bejuco	La Chivera
1980	Agosto	12	13
	Septiembre	4	3
	Octubre	8	9
	Noviembre	3	2
	Diciembre	20	19
1981	Enero	29	28
	Marzo	17	16
	Mayo	17	18
	Julio	19	20

En cada visita se hizo las siguientes observaciones: 1) número de especies presentes; 2) número de formas de vida presentes; 3) número de especies presentes en cada forma de vida; 4) cobertura estimada de cada especie, según una escala que va desde cobertura baja hasta cobertura alta:

	Porcentaje de cobertura
cobertura baja	1-25
cobertura media-baja	26-50
cobertura media-alta	51-75
cobertura alta	76-100

Se relacionó estos valores con la distribución de las precipitación durante la época de estudio en la Provincia de Manabí, según datos del Departamento de Climatología de la Dirección de Aviación Civil (Fig. 1) para ver la relación entre la distribución de la precipitación y la dinámica de las formas de vida.

d) **Adaptaciones de las formas de vida:**

Se dividió los mecanismos adaptativos en:

7

- Mecanismos adaptativos morfológicos de las siguientes especies representativas de cinco formas de vida: rastrera (<u>Neptunia</u> <u>prostrata</u>), flotante (<u>Limnocharis</u> <u>flava</u>), sumergida (<u>Ceratophyllum</u> <u>demersum</u>), emergente (<u>Echinodorus</u> <u>bracteatus</u>), de hojas flotantes (<u>Nymphaea</u> <u>sp.</u>). El material colectado en FAA se llevó al laboratorio de Biología de la PUCE donde se analizó en un microscopio de disección.
- Mecanismos adaptativos anatómicos, para cuyo estudio se tomó muestras de tallo y hojas de <u>Echinodorus</u> <u>bracteatus</u> y <u>Nymphaea</u> <u>sp.</u>, y de tallo de <u>Limnocharis</u> <u>flava</u> y <u>Ceratophyllum</u> <u>demersum</u>. Se llevó el material al Instituto de Ciencias Naturales de la Universidad Central del Ecuador, donde se preparó cortes histológicos. Las placas se encuentran en el Herbario (QCA) de PUCE.
- Mecanismos adaptativos fenotípicos (Plasticidad fenotípica) que se estudió mediante observaciones en el campo de las especies que mostraron algún tipo de plasticidad. Estas especies fueron: <u>Echinodorus</u> <u>bracteatus</u>, <u>Neptunia</u> <u>prostrata</u>, <u>Limnocharis</u> <u>flava</u>, <u>Eichhornia</u> <u>crassipes</u>, <u>Limnobium</u> <u>laevigatum</u>, <u>Hydrocleis</u> <u>nymphoides</u>, <u>Ceratopteris</u> <u>pteridioides</u> y <u>Pistia</u> <u>stratiotes</u>.

4. RESULTADOS Y DISCUSION.

I. INVENTARIO TAXONOMICO.

Para hacer un inventario taxonómico de las especies encontradas en los dos sitios de estudio se realizó colecciones de las siguientes especies vegetales:

ALISMATACEAE.
Echinodorus bracteatus Micheli, Fig. 2, A-B.
Hierba emergente de 1.5 a 2 m, enterrada en el suelo lodoso. Raíz bulbosa y robusta. Hojas en roseta basal; largos pecíolos de 1 a 1.5 m. Inflorescencia una panícula, en la que las flores están dispuestas en verticilos de 3 a 4 flores y 3 brácteas por verticilo. Flores con perianto en 2 series diferenciadas en 3 sépalos verdes y 3 pétalos blancos y delicados. Androceo con estambres que varían de 14 a 22, amarillos. Ovario súpero, con infinito número de carpelos libres. Colecciones: El Bejuco, Bravo 45 (QCA); La Chivera, Bravo 54 (QCA).

ARACEAE.
Pistia stratiotes L. - "Lechuga de agua" -, Fig. 2, C.
Hierba acuática flotante. Raíz fibrosa. Tallo estolónico del que salen entre 6 a 8 plantas. Hojas sésiles, con lámina ovalada en una roseta densa de 10 a 15 cm de diámetro, parecida a una cabeza de lechuga trunca en el axis, con pubescencia abundante, blanca. Inflorescencia en espádice corto, escondido entre las hojas, blanca, espata blanca. Colecciones: La Chivera, Bravo 75 (QCA); El Bejuco, Bravo 369 (QCA).

APIACEAE.
Hydrocotyle umbellata L., Fig. 2, E.
Hierba acuática flotante, de unos 15 cm de largo. Raíz larga y fibrosa. Tallo estolónico de 40 cm de largo y 2 mm de diámetro. Hojas peltadas, con el borde lobulado, con ligera pubescencia blanca. Pedúnculo de 13 cm de largo, que sostiene a una umbella de alrededor de 15 flores inconspicuas, color crema. Colección: El Bejuco, Bravo 19 (QCA).

9

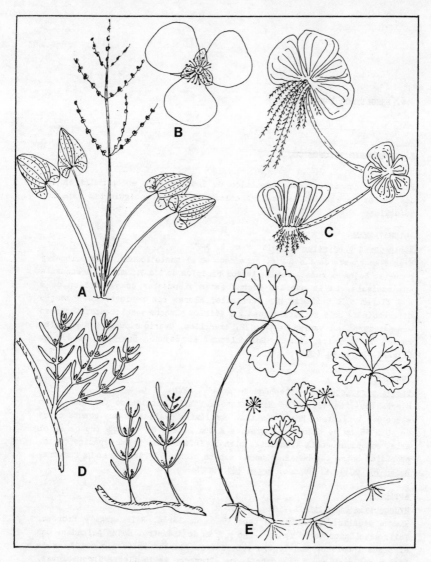

FIG. 2. - A, B, <u>Echinodorus</u> <u>bracteatus</u> (Bravo 45, QCA). - C, <u>Pistia</u> <u>stratiotes</u> (Bravo 75, QCA). - D, <u>Batis</u> <u>maritima</u> (Bravo 49, QCA). - E, <u>Hydrocotyle</u> <u>umbellata</u> (Bravo 19, QCA).

ASTERACEAE.

Sp. 1 (No identificada).
Hierba marginal, de 10 cm de altura, formando pequeñas dunas constituídas por 3 a 4 plantas. Hojas y tallo pubescentes. Inflorescencia en capítulo terminal, involucro verde. Flores exteriores blancas, interiores amarillas. Colección: La Chivera, Bravo 48 (QCA).

Sp. 2 (No identificada), Fig. 7, C.
Hierba rastrera de 50 cm de largo. Raíz principal enterrada en el suelo al borde de la ciénaga y raicillas fibrosas, creciendo en el agua. Tallo con ligera pubescencia. Hojas opuestas, caulinares; lámina foliar de 7 cm con el borde aserrado. Inflorescencia en capítulo, verde. Colección: La Chivera, Bravo 70 (QCA).

BATIDACEAE.

Batis maritima L. - "Escama de lagarto" -, Fig. 2, D.
Arbusto marginal de 1 m de altura, que suele asociarse con otros individuos de la misma especie para formar conjuntos. Halófito. Tallo leñoso. Hojas opuestas, carnosas, de 2 cm de largo. Planta dioica; flores masculinas con un perianto de 4 tépalos y 4 estambres, flores femeninas en espiga con un ovario desnudo. Colección: La Chivera, Bravo 49 (QCA).

CANNACEAE.

Canna sp., Fig. 3, A.
Hierba marginal. Tallo suculento, rojizo, de 50 cm de largo y 4 cm de diámetro. Hojas con vaina que envuelve al tallo, grande; lámina oblonga de 15 cm de largo, rojiza, con raquis principal desde el cual salen venas paralelas-pinnadas. Flores saliendo de brácteas zigomorfas, amarillas. Fruto es una cápsula verrugosa, verde. Colección: El Bejuco, Bravo AAU-18944 (AAU, QCA).

CERATOPHYLLACEAE.

Ceratophyllum demersum L. - "Chorro" -, Fig. 3, B.
Hierba sumergida, no enraizada en el sustrato. Hojas divididas en 2 y 4 partes formando verticilos envainadores. Planta monoica; flores masculinas y femeninas intercaladas en cada verticilo. Gineceo con un ovario súpero. Androceo con 10-12 estambres. Fruto carnoso, verde, espinoso, con pubescencia color café. Colecciones: La Chivera, Bravo 370 (QCA); El Bejuco, Bravo 56 (QCA).

CYPERACEAE.

Eleocharis minima Kunth, Fig. 3, D.

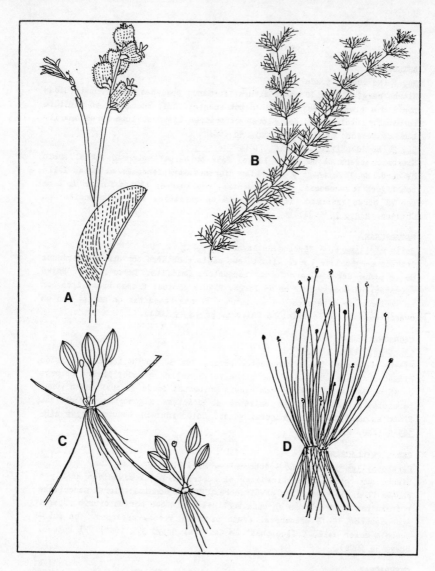

FIG. 3. - A, <u>Canna</u> <u>sp.</u> (Bravo AAU-18944, QCA). - B, <u>Ceratophyllum</u> <u>demersum</u> (Bravo 56, QCA). - C, <u>Limnobium</u> <u>laevigatum</u> (Bravo 39, QCA). - D, <u>Eleocharis</u> <u>minima</u> (Bravo 50, QCA).

12

Hierba marginal de 12 cm de largo, con aspecto graminícola, formando pequeñas dunas. Tallo hueco, capilar, erecto. Hojas en roseta basal, de 10 cm de largo, filiformes, membranosas. Inflorescencia escaposa, terminal, en espiguilla compacta, de unos 2 cm, verde. Colección: La Chivera, _Bravo 50_ (QCA).

Scirpus sp.

Hierba marginal de 50 cm de altura, con aspecto graminícola. Tallo estolónico. Hojas lineales, dispuestas en roseta basal, de 20 cm de largo. Inflorescencia sustentada por un escapo, con espiguilla solitaria. Flores inconspicuas, glumáceas, amarillas. Colección: La Chivera, _Bravo 366_ (QCA).

HYDROCHARITACEAE.

Limnobium laevigatum (H. & B.) Heine, Fig. 3, C.

Hierba acuática flotante de unos 10 cm de largo. Raíz fibrosa. Tallo estolónico. Hojas en roseta basal; pecíolo de unos 5 cm, esponjoso; lámina ovalada, delicada, de 2 cm de largo. Flor solitaria, escaposa, sustentada por un pedicelo de 8 cm. Planta dioica; flores masculinas con perianto en 2 series: 3 sépalos herbáceos y 3 pétalos amarillos pálidos, infinito número de estambres blancos; flores femeninas con gineceo apocárpico, con 8 a 10 carpelos, cubiertos por una bráctea. Colección: La Chivera, _Bravo 61_ (QCA); El Bejuco, _Bravo 39_ (QCA).

LEMNACEAE.

Lemna minima Phil., Fig. 4, B.

Hierba flotante, minúscula de 2 mm. Raíz simple que parece hilo. Hojas redondas, plegadas como las láminas de un libro. Flores unisexuales encerradas en una envoltura membranosa, escondida entre las hojas. Perianto ausente, 2 flores masculinas y 1 femenina. Colección: La Chivera, _Bravo 41_ (QCA).

Spirodela polyrrhiza (L.) Scheiden, Fig. 4, C.

Hierba flotante, muy similar a _Lemna minima_, pero de 5 mm, con dos raicillas similares a la de aquella. Colección: La Chivera, _Bravo 74_ (QCA).

LIMNOCHARITACEAE.

Hydrocleis nymphoides (Willd.) Buch., Fig. 4, A.

Hierba flotante, de 30 cm. Tallo con estolones. Hojas en roseta; pecíolo erecto, horizontal sobre el agua; lámina acorazonada, de textura delicada. Flor solitaria, sustentada por un pedicelo triangular, escaposo. Perianto en 2 series: 3 sépalos, 3 pétalos, amarillos delicados. Androceo con infinito número de estambres, filamentos color vino, anteras amarillas. Infinito número de estaminodios color vino. Ovario súpero. Colección: La

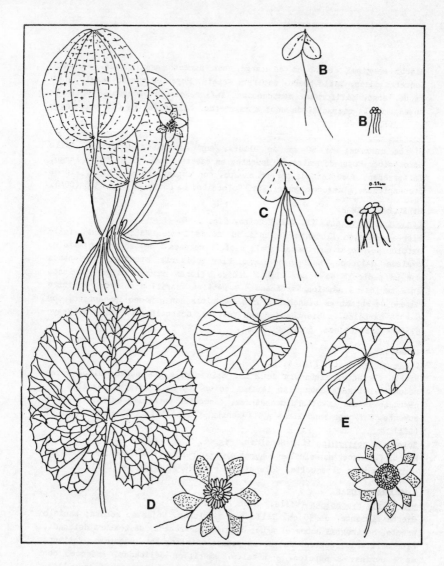

FIG. 4. - A, <u>Hydrocleis</u> <u>nymphoides</u> (Bravo 60, QCA). - B, <u>Lemna</u> <u>minima</u>
(Bravo 41, QCA). - C, <u>Spirodela</u> <u>polyrrhiza</u> (Bravo 74, QCA). - D, <u>Nymphaea</u>
<u>sp.</u> (Bravo 65, QCA). - E, <u>Nymphaea</u> <u>blanda</u> (Bravo 66, QCA).

14

Chivera, _Bravo_ 60 (QCA).

Limnocharis _flava_ (L.) Buch., Fig. 5, B.
Hierba flotante. Raíz fibrosa. Tallo con estolones. Hojas en roseta basal; pecíolo triangular esponjoso, con látex blanco; lámina redonda de textura delicada. Inflorescencia en umbela. Flor con perianto en 2 series, cáliz con 3 sépalos herbáceos, corola con 3 pétalos amarillos delicados. Androceo con infinito número de estambres amarillos, y unos 80 estaminodios amarillos. Ovario súpero, gineceo apocárpico. Colección: La Chivera, _Bravo_ 55 (QCA).

MARANTACEAE.
Thalia _geniculata_ L., Fig. 5, A.
Hierba emergente, enterrada en el suelo lodoso de la ciénaga, de 1.5 a 2 m. Hojas caulinares, saliendo de un tallo erecto; pecíolo de 25 cm; lámina entera, elíptica de unos 30 cm. Inflorescencia en espiga. Flores zigomorfas, con 3 sépalos verdes y 3 pétalos azules claros, todos diferentes, 3 estaminodios. Colección: El Bejuco, _Bravo_ _AAU-18902_ (AAU, QCA).

MIMOSACEAE.
Neptunia _prostrata_ (Lam.) Baill., Fig. 5, D.
Rastrera de 1 a 1.5 m de largo. Raíz principal enterrada en el suelo lodoso y raicillas flotantes en la superficie del agua. Tallo hueco, verde, que se cubre de una capa algodonosa en el agua. Hojas caulinares alternas; pecíolo de 4 cm; lámina compuesta, bipinnada, de 4 cm de largo. Inflorescencia en cabezuela, saliendo del axis de la hoja. Flores amarillas. Colección: La Chivera, _Bravo_ 50 (QCA).

NAJADACEAE.
Najas _sp._ - "Chorro" -, Fig. 5, C.
Hierba sumergida, de unos 10 cm de largo. Sin raíces. Hojas opuestas, con lámina lineal y el borde aserrado. Flores solitarias inconspicuas, unisexuales, de hasta 1 mm, saliendo del axis de las hojas. Flor masculina con 1 estambre, flor femenina con 1 pistilo desnudo. Colección: La Chivera, _Bravo_ 53 (QCA).

NYMPHAEACEAE.
Nymphaea _sp._ - "Platillo" -, Fig. 4, D.
Hierba con hojas y flores flotantes. Raíz y rizomas enterrados en el fondo. Hojas basales, con un pecíolo de hasta 2 m de largo, que emerge desde el fondo; lámina foliar acorazonada con el borde aserrado, de unos 20 cm de largo y 15 cm de ancho. Flores solitarias, perianto en 2 series:

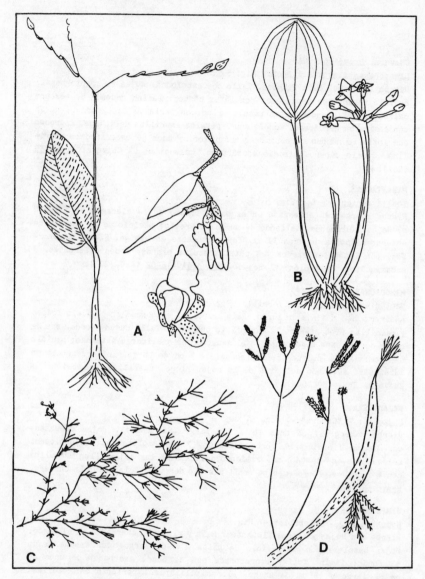

FIG. 5. - A, _Thalia geniculata_ (Bravo AAU-18902, QCA). - B, _Limnocharis flava_ (Bravo 55, QCA). - C, _Najas sp._ (Bravo 53, QCA). - D. _Neptunia prostrata_ (Bravo 50, QCA).

16

6 sépalos verdes y 6 pétalos blancos. Androceo con infinito número de estambres amarillos e infinito número de estaminodios amarillos. Ovario súpero. Colección: La Chivera, Bravo 65 (QCA).

Nymphaea blanda G. F. Mey. - "Platillo" -, Fig. 4, E.
Hierba con hojas y flores flotantes, muy similar a N. sp., pero con el pecíolo de aproximadamente 50 cm, lámina foliar acorazonada con el borde ondulado, de textura delicada, de 10 cm de largo. Flores con corola en 2 verticilos de 6 sépalos cada una. Infinito número de pétalos blancos que se van convirtiendo en estaminodios. Colección: La Chivera, Bravo 66 (QCA).

PARKERIACEAE.
Ceratopteris pteridioides (Hook.) Hieron, Fig. 6, B.
Helecho flotante. Rizomas cortos. Hojas estériles simples o lobuladas, de 12 a 15 cm de largo y 10 cm de ancho. Hojas fértiles, mayores a 15 cm, divididas en delgadas ramificaciones. Colección: El Bejuco, Bravo 43 (QCA).

POACEAE.
Hymenachne donacifolia (Rassi) Chase, Fig. 6, A.
Hierba marginal de 50 cm de largo. Tallo un poco esponjoso. Hojas alternas caulinares, con vaina envolvente, sin pecíolo; lámina de 15 cm. Inflorescencia en panícula verde, densa, de 6 cm de largo. Colección: El Bejuco, Bravo AAU-18909 (AAU, QCA).

POLYGONACEAE.
Polygonum sp., Fig. 6, C.
Hierba rastrera de 1 m de largo. Raíz permanente en el suelo y raicillas flotantes en el agua. Tallo hueco. Hojas alternas con largas ócreas de apariencia pajiza; lámina foliar de hasta 10 cm de largo. Inflorescencia terminal en espiga. Flores inconspicuas, blancas. Colección: El Bejuco, Bravo 42 (QCA).

PONTEDERIACEAE.
Eichhornia crassipes (Mart.) Solans-Laub. - "Jacinto de agua" -, Fig. 6, D.
Hierba flotante de hasta 50 cm de largo. Raíz fibrosa. Tallo estolónico. Hojas basales con pecíolos que desarrollan neumatóforos; lámina foliar elíptica o reniforme, de hasta 10 cm de largo. Inflorescencia en espiga. Flores conspicuas, perianto con 6 tépalos, petaloides lilas; tépalo central de mayor tamaño, con una mancha amarilla al centro. Colecciones: El Bejuco, Bravo AAU-18945 (AAU, QCA); La Chivera, Bravo 57 (QCA).

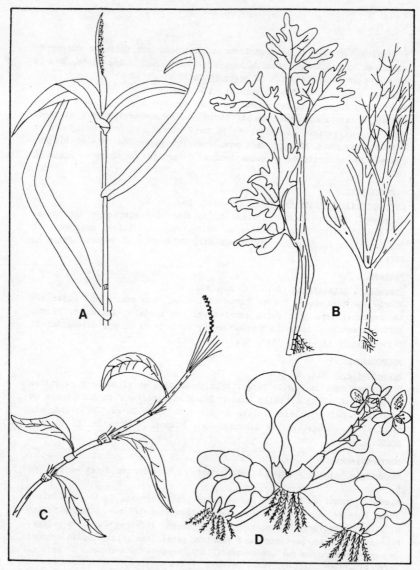

FIG. 6. - A, _Hymenachne_ _donacifolia_ (Bravo AAU-18909, QCA). - B, _Ceratopteris_ _pteridioides_ (Bravo 43, QCA). - C, _Polygonum_ _sp._ (Bravo 42, QCA). - D, _Eichhornia_ _crassipes_ (Bravo 57, QCA).

18

SALVINIACEAE.

Salvinia sp. - "Fulminante" -, Fig. 7, D.
Helecho flotante con tallo rizomático, a partir del cual se desarrollan 2 hojas y 1 órgano sumergido con apariencia de raíz, que desempeña funciones de ésta, además de llevar los órganos de reproducción. Hojas acorazonadas presentan papilas con pelos en el extremo, impidiendo la absorción del agua en la superficie foliar. Las hojas se encuentran plegadas sobre la nervadura central, como las páginas de un libro. Colección: La Chivera, Bravo 47 (QCA).

SOLANACEAE.

Solanum sp.
Hierba marginal. Hojas caulinares; lámina y pecíolo diferenciados. Lámina entera, palmeada, con el borde aserrado. Tallo y hoja pubescentes con espinas. Flor solitaria, corola lila, estambres amarillos. Fruto es una baya verde. Colección: El Bejuco, Bravo 12 (QCA).

TILIACEAE.

Corchorus orinocensis H. B. K., Fig. 7, A.
Hierba rastrera de 50 cm de largo. Raíz principal enterrada en el suelo lodoso con raicillas flotantes en la superficie del agua. Tallo un poco leñoso. Hojas alternas, caulinares; lámina foliar con el borde aserrado. Flores solitarias saliendo del axis foliar, 5 sépalos amarillos, 5 pétalos amarillos, 5 estambres con filamento amarillo y anteras color café; 3 estigmas amarillos. Fruto seco, septicida, verde. Colección: La Chivera, Bravo 67 (QCA).

TYPHACEAE.

Typha domingensis (Pers.)Steudel, Fig. 7, B.
Hierba emergente enterrada en el suelo lodoso de la ciénaga, con tallos erectos de hasta 2 m de largo. Hojas basales, dísticas, lineales de 1 m de largo y 5 cm de ancho. Inflorescencia terminal en espiga muy densa, color café. Planta monoica; flores masculinas apicales, flores femeninas basales, ambas en la misma inflorescencia. Flores inconspicuas, perianto constituído por filamentos. Colección: La Chivera, Bravo AAU-18970 (AAU, QCA).

Se colectó un total de 28 especies en ambos sitios, de las cuales 21 estaban presentes en La Chivera y 14 en El Bejuco (Tabla 1).

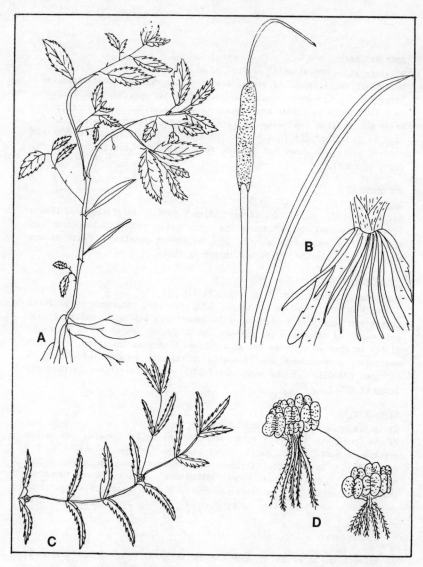

FIG. 7. - A, <u>Corchorus orinocencis</u> (Bravo 67, QCA). - B, <u>Typha domingensis</u>
(Bravo AAU-18970, QCA). - C, <u>Asteraceae sp. 2</u> (Bravo 70, QCA). - D,
<u>Salvinia sp.</u> (Bravo 47, QCA).

Las colecciones botánicas mostraron una preponderancia de angiospermas, aunque se colectó también dos especies de helechos: Salvinia sp. y Ceratopteris pteridioides. De las 28 especies colectadas hay 2 identificadas a nivel de familia, 6 a nivel de gênero y 20 a nivel de especie.

Del total de especies, 7 son exclusivas de El Bejuco, 14 de La Chivera y 7 se encuentran en ambos sitios. Estas últimas han sido registradas en otras ciénagas de las Provincias de Manabí, Guayas y Los Ríos. Las especies exclusivas de El Bejuco no han sido observadas en otras ciénagas de la provincia, mientras que el resto de las especies son comunes en otras ciénagas de la costa ecuatoriana.

Aunque las dos ciénagas están relativamente cercanas, hay diferencias en sus floras. Se puede mencionar dos explicaciones a estas diferencias:

1. En determinadas épocas del año La Chivera recibe agua salobre como consecuencia del aguaje, elevando así la salinidad del agua. Esto permite que especies halófitas, como Batis maritima, se desarrolle en La Chivera y no en El Bejuco.
2. El Bejuco es un ecosistema relativamente aislado, por no haber ciénagas cercanas. Este aislamiento ha permitido que se desarrolle una flora atípica en comparación con otras ciénagas de la provincia. El área limitado restringe el número de especies que pueda desarrollarse allí.
3. La Chivera pertenece a un sistema cenagoso. Está expuesta al influjo de semillas y plantas de todas las especies del sistema cenagoso. Esto determina que el número de especies, desarrollándose en La Chivera, sea más elevado.

En ciénagas visitadas en otras provincias, por ejemplo en Los Ríos, se ha encontrado fenómenos semejantes; es decir que ciénagas aisladas poseen una flora muy distinta a la de los sistemas cenagosos.

Las dos ciénagas poseen floras pobres en especies. El número limitado de especies en las dos ciénagas puede explicarse por:

1. los factores limitantes propios del ecosistema de agua dulce, como la deficiencia de oxígeno, de sales orgánicas, de luz y ausencia de espacio físico para enraizarse.
2. la gran dependencia a factores ambientales, por ejemplo la precipitación.

21

Tabla No. 1. Inventario Taxonomico.

Familia	Especie	La Chivera	El Bejuco
Alismataceae	Echinodorus bracteatus	*	*
Araceae	Pistia stratiotes	*	*
Apiaceae	Hydrocotyle umbellata		*
Asteraceae	Sp. 1	*	
Asteraceae	Sp. 2	*	
Batidaceae	Batis maritima	*	
Cannaceae	Canna sp.		*
Ceratophyllaceae	Ceratophyllum demersum	*	*
Cyperaceae	Eleocharis minima	*	
Cyperaceae	Scirpus sp.	*	
Hydrocharitaceae	Limnobium laevigatum	*	*
Lemnaceae	Lemna minima	*	*
Lemnaceae	Spirodela polyrrhiza	*	*
Limnocharitaceae	Hydrocleis nymphoides	*	
Limnocharitaceae	Limnocharis flava	*	
Maranthaceae	Thalia geniculata		*
Mimosaceae	Neptunia prostrata	*	
Najadaceae	Najas sp.	*	
Nymphaeaceae	Nymphaea sp.	*	
Nymphaeaceae	Nymphaea blanda	*	
Parkeriaceae	Ceratopteris pteridioides		*
Poaceae	Hymenachne donacifolia		*
Polygonaceae	Polygonum sp.		*
Pontederiaceae	Eichornia crassipes	*	*
Salviniaceae	Salvinia sp.	*	
Solanaceae	Solanum sp.		*
Tiliaceae	Corchorus orinocensis	*	
Typhaceae	Typha domingensis	*	

Ambos aspectos influyen tanto en el número de especies como en la dinámica de los dos ecosistemas.

II. LAS FORMAS DE VIDA.

En el capítulo anterior se hizo una descripción de las especies, clasificándolas en sus grupos taxonómicos, familias, géneros, etc. En este capítulo se estudiará las plantas y se las clasificará según sus adaptaciones al medio ambiente donde viven, es decir según sus formas de vida. La forma de vida es una categoría ecológica que abarca todas las plantas que poseen una forma de crecimiento parecida y que ocupan un espacio físico similar (Braun-Blanquet, 1979).

Se encontró 6 formas de vida:

1. Plantas marginales.
2. Plantas rastreras.
3. Plantas emergentes.
4. Plantas de hojas flotantes.
5. Plantas flotantes.
6. Plantas sumergidas.

En las ciénagas se encuentra una estratificación horizontal que va desde lo más exterior hasta lo más interior. En cada zona de la estratificación hay dominancia de una de las formas de vida (Fig. 8).

1) **Plantas marginales** (Fig. 9, A):
Son hierbas erectas o arbustos (<u>Batis maritima</u>), enraizados en el borde de la ciénaga. Alcanzan una altura entre 50 a 70 cm, a excepción de <u>Batis maritima</u> que pasa de 1 m. El espacio que ocupan se restringe al suelo lodoso al borde de la ciénaga, en el límite entre el suelo firme y seco con el agua de la ciénaga. Sus raíces crecen en el suelo lodoso que es saturado de humedad y pobre en oxígeno, provocándose evapotranspiración. El sustrato para enraizarse es variable, ya que el límite de la ciénaga crece o decrece durante el año. Estas especies compiten por espacio físico para enraizarse. Han desarrollado esta forma de vida las siguientes especies: <u>Canna sp., Scirpus sp., Eleocharis minima, Hymenachne donacifolia, Batis maritima, Solanum sp.</u> y <u>Asteraceae sp. 1.</u>

2) **Plantas rastreras** (Fig. 9, B):
Son hierbas que poseen una raíz principal en el suelo firme o lodoso, desde la cual extienden tallos rastreros que penetran la superficie del agua de la ciénaga, donde desarrollan raicillas flotantes. Las estructuras

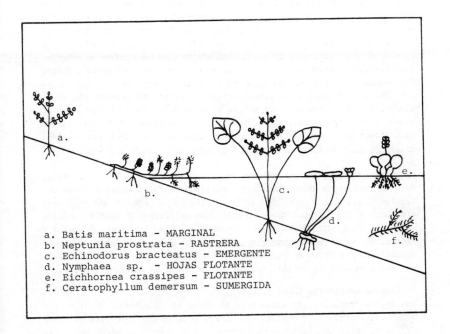

a. Batis maritima - MARGINAL
b. Neptunia prostrata - RASTRERA
c. Echinodorus bracteatus - EMERGENTE
d. Nymphaea sp. - HOJAS FLOTANTE
e. Eichhornea crassipes - FLOTANTE
f. Ceratophyllum demersum - SUMERGIDA

FIG. 8. Diagrama esquemático de las formas de vida, mostrando sus adaptaciones a diferentes nichos del ecosistema cenagoso desde lo más exterior y seco (a. marginal) hasta lo más interior y húmedo (f. sumergida).

25

fotosintéticas flotan en la superficie del agua. Las estructuras reproductivas están sustentadas por pequeños pedicelos erectos. Estas plantas
ocupan el suelo alrededor de la ciénaga, la superficie del agua de la
ciénaga y eventualmente el suelo firme más alejado de la ciénaga. En
general se desarrollan en un medio saturado de humedad y pobre en oxígeno,
característico tanto para el suelo lodoso como para el agua de la ciénaga.
Sin embargo, cuando se enraizan en el suelo firme más alejado de la
ciénaga, se enfrenta a un medio con un porcentaje de humedad más bajo;
además, la superficie superior de las hojas está expuesta al aire y por lo
mismo, a la evapotranspiración. Estas plantas compiten por espacio físico
tanto fuera de la ciénaga como dentro de ella. Poseen esta forma de vida:
<u>Polygonum</u> <u>sp.</u>, <u>Neptunia</u> <u>prostrata</u>, <u>Corchorus</u> <u>orinocensis</u> y <u>Asteraceae</u> <u>sp.</u>
<u>2</u>.
<u>Neptunia</u> <u>prostrata</u> es una especie representativa de esta forma de vida.
Ha sido registrada desde mayo hasta septiembre. Estos meses son los que
mejores condiciones poseen para el desarrollo de las especies que requieren
cierta cantidad de agua para extender sus estolones, y cierta cantidad
de tierra para enraizarse. Esta especie florece en los meses de julio y
agosto. En estos meses <u>Neptunia</u> <u>prostrata</u> ha sido encontrada creciendo
simultáneamente tanto en lugares secos como dentro de la ciénaga. El resto
del año permanece en estado latente, sea en forma de semillas o raíces.

3) **Plantas emergentes** (Fig. 9, C):
Son hierbas perennes, enraizadas en el fondo de la ciénaga, erectas, con
hojas e inflorescencia sustentadas por un pecíolo que sobrepasa el nivel
del agua. Alcanzan tamaños superiores a 1.5 metros, constituyendo las
plantas más altas de la ciénaga. Las condiciones de humedad del nicho de
las plantas emergentes son variables en el tiempo y en espacio. Las raíces
siempre se encuentran en un suelo saturado de humedad; las partes basales
de los tallos y pecíolos se encuentran a veces sumergidas en el agua en
una situación de sobresaturación de humedad, y a veces sobre el nivel del
agua en condiciones de baja humedad y de evapotranspiración; las láminas y
las inflorescencias emergen sobre el agua, estando continuamente expuestas
a evapotranspiración y baja humedad. Las plantas emergentes compiten por
espacio físico para enraizarse. Las especies de esta forma de vida son:
<u>Echinodorus</u> <u>bracteatus</u>, <u>Thalia</u> <u>geniculata</u> y <u>Typha</u> <u>domingensis</u>.
Una especie característica es <u>Echinodorus</u> <u>bracteatus</u>, que en los meses de
mayo y junio tiene una buena población de individuos jóvenes. En julio y
agosto todos los individuos están florecidos. La población continúa siendo
abundante hasta septiembre, pero en octubre baja y hay pocos individuos

florecidos. En diciembre la población está conformada por individuos con ramas secas y escapos florales marchitos. En marzo la población de la especie se rehabilita.

4) Plantas de hojas flotantes (Fig. 9, D):

Son hierbas con raíz y rizomas anclados en el fondo de la ciénaga; pecíolo y pedicelo sumergidos en el agua, emergiendo únicamente las hojas y flores, ambas flotantes. Se desarrollan desde el fondo de la ciénaga, a través del agua de la ciénaga, hasta la superficie del agua de la ciénaga. Las condiciones de humedad son variables: Las estructuras que están dentro del agua y la superficie de las hojas en contacto con el agua están expuestas a saturación y sobresaturación. La superficie en contacto con el aire está expuesta a la evapotranspiración y a un bajo porcentaje de humedad. Las plantas compiten por espacio físico para enraizarse, por espacio físico para sus hojas y por oxígeno y sales orgánicas. Han desarrollado esta forma de vida: <u>Nymphaea blanda</u> y <u>Nymphaea sp.</u>. Esta forma de vida sólo se encontró en La Chivera.

5) Plantas flotantes (Fig. 9, E):

Son hierbas no enraizadas. Su raíz principal está sumergida en el agua, donde flota libremente. En la mayoría de las veces las hojas flotan en la superficie del agua y las estructuras reproductivas están sustentadas por cortos pedicelos. Varias especies poseen tallo estolónico y tejidos altamente esponjosos. Ocupan el agua de la ciénaga hasta una profundidad de 30 cm bajo la superficie y el espacio sobre la superficie de la ciénaga hasta una altura de 20 a 30 cm. Estas plantas se desarrollan bajo la doble condición de saturación (las partes que están en contacto directo con el agua) y de bajos porcentajes de humedad (las estructuras que están expuestas al aire). No cuentan con un sustrato para enraizarse. Compiten por espacio físico para extender sus estolones, hojas y tallos; por sales orgánicas y oxígeno. Poseen esta forma de vida las siguientes especies: <u>Ceratopteris pteridioides, Eichhornia crassipes, Hydrocleis nymphoides, Hydrocotyle umbellata, Limnocharis flava, Limnobium laevigatum, Lemna minima, Pistia stratioites, Salvinia sp.</u> y <u>Spirodela polyrrhiza</u>.

En <u>Eichhornia crassipes</u> se observó la siguiente fenología: en febrero y marzo está ausente debido al alto nivel del agua y a las corrientes fuertes que llevan las plantas fuera de la ciénaga. A medida que el nivel del agua en la ciénaga baja, se cortan las vías de salida y las plantas se detienen en la ciénaga y empiezan a ser significativas.

6) Plantas sumergidas, (Fig. 9, F):

Son hierbas delicadas que se encuentran flotando libremente dentro del agua en el interior de la ciénaga; no tienen raíz, poseen hojas sumamente divididas, con gran cantidad de tejido aéreo. El espacio que ocupa se restringue al agua de la ciénaga; por eso han tenido que adaptarse a un medio rico en humedad y pobre en oxígeno. Estas plantas compiten por espacio físico dentro del agua, por luz para hacer fotosíntesis, por sales orgánicas. Poseen esta forma de vida: Ceratophyllum demersum y Najas sp. Ceratophyllum demersum está presente sólo de marzo a octubre, porque en estos meses hay suficiente cantidad de agua para desarrollarse, siendo absoluta su dependencia del agua. Mantiene altos porcentajes de cobertura, así que es la especie sumergida dominante en ambas ciénagas.

El criterio empleado para dividir las plantas en 6 formas de vida se basa en la morfología y en los diferentes modos de crecimiento que las especies han desarrollado como respuesta a la zonación horizontal existente en las ciénagas, que va desde lo más exterior a lo más interior. Esta zonación también está relacionada con una gradiente de humedad que va de mayor a menor. La zonación es visible a simple vista. Cada una de las zonas tiene diferentes condiciones de sustrato y humedad y está ocupada por especies vegetales con características ecológicas, morfológicas y formas de crecimiento similares entre sí y diferentes a las especies que ocupan otra zona. El conjunto de especies que ocupan cada una de estas zonas constituyen una forma de vida (Fig. 8).
La existencia de las formas de vida facilita el desarrollo de un mayor número de especies, porque la competición disminuye.
La forma de vida con mayor número de especies es la de plantas flotantes; las de hojas flotantes y las sumergidas tienen el menor número de especies.

Al estar repartidas las plantas en diferentes formas de vida, la competición interespecífica disminuye, ya que mediante esta distribución cada especie puede utilizar los recursos disponibles de la mejor manera sin interferir mayormente con otras especies. Sin embargo, por desarrollarse en un medio muy limitado, las especies - de acuerdo con la forma de vida que tengan - compiten por diferentes elementos como son: espacio físico para enraizarse, para extender sus estolones, hojas y otras estructuras; por sales orgánicas, por oxígeno y luz para la realización de la fotosíntesis.

La existencia de las diferentes formas de vida hace que la competición por espacio físico disminuya, ya que cada forma de vida ha sabido desarrollar un tipo específico de aprovechamiento del espacio. Sin embargo, la competición por sales orgánicas y oxígeno es un problema que está presente en todas las formas de vida de las ciénagas.

III. DINAMICA DE LAS FORMAS DE VIDA.

Las formas de vida estudiadas en el capítulo anterior no permanecen
estáticas, ya que están expuestas a factores exteriores que las hacen
variar. Estas variaciones se llaman **dinámica de las formas de vida**. Entre
los factores determinantes el más importante es el clima, especialmente la
precipitación. Otros parámetros climáticos no ejercen una fuerte incidencia
en la dinámica de las formas de vida, porque son bastante constantes
durante el año (véase por ejemplo la curva de temperatura en Fig. 1).

Este capítulo trata de la relación entre la dinámica de las formas de vida
por un lado y la precipitación y el nivel de agua en la ciénaga por otro
lado.

La síntesis de las observaciones realizadas y los datos colectados están
presentados en la Tabla 2 y 3 y en Fig. 9.

En Fig. 9, A se relaciona el número de especies presentes en las dos
ciénagas con la cantidad de precipitación en los dos sitios de estudio.
Las curvas revelan un ciclo anual con un máximo y un mínimo tanto en el
número de especies como en la precipitación. Las curvas no llegan a un
máximo en los mismos meses, existiendo casi una relación inversa entre
ellos. El número de formas de vida cada mes muestra también una relación
inversa con la precipitación (véase Fig. 9, B).

Desde enero hasta marzo se registraron los valores más altos de precipitación del año, sin embargo, tanto el número de especies como el de las
formas de vida son muy bajos. En La Chivera en enero y en El Bejuco en marzo
se registró un mínimo de 3 especies y 3 formas de vida representadas. El
nivel del agua en la ciénaga es muy alto y correntoso durante estos meses.
La corriente arrastra a la vegetación que no esté enraizada a un sustrato,
lo que explica los valores bajos, tanto en el número de especies como en
las formas de vida presentes. En El Bejuco, el agua de la ciénaga se une
con el agua del Río Chone que cruza a unos 2 Km de la ciénaga y muchas
especies son arrastradas por la corriente del río. En La Chivera, el agua
de la ciénaga se mezcla con el agua del manglar cercano, produciéndose una
alza de salinidad en la ciénaga. Muchas especies no resisten el alza de
salinidad y mueren.

El alto nivel del agua durante el invierno de enero a marzo afecta a las
formas de vida, especialmente a las plantas flotantes, que por no estar

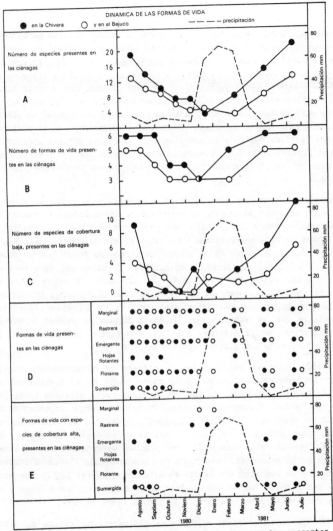

FIG. 9. Dinámica de las formas de vida. - A. Número de especies presentes durante el año. - B. Número de formas de vida presente durante el año. - C. Número de especies de cobertura baja presentes en las ciénagas durante el año. - D. Formas de vida presentes en las ciénagas durante el año. - E. Formas de vida en las cuales hay especies de cobertura alta durante el año. La curva punteada indica la precipitación en cada mes durante el año y es la misma como en Fig. 1.

enraizadas son arrastradas por la corriente; a muchas plantas marginales y rastreras porque el agua cubre el espacio donde se enraízan. De enero a marzo se registró dos plantas rastreras, _Corchorus orinocensis_ y _Asteraceae sp. 2_, que sobrevivieron hasta julio; y se registró también 4 especies de plantas marginales: _Batis maritima_, un arbusto perenne que soporta altos índices de salinidad, _Scirpus sp._, _Hymenachne donacifolia_ y _Solanum sp._ que adquieren características de una planta emergente. En estos meses la planta sumergida, _Ceratophyllum demersum_, alcanza un alto desarrollo, encontrando condiciones óptimas debido a la abundancia de agua. Las plantas emergentes y de hojas flotantes están bien representadas, ya que, por estar enraizadas en el fondo de la ciénaga con fuertes raíces, no son arrastradas por la corriente.

Desde mayo la cantidad de precipitación disminuye, y el nivel de agua en las ciénagas baja por efecto de la evaporación. Las ciénagas entran en un período estable, las condiciones de espacio y humedad para el desarrollo de las formas de vida son óptimas, en julio y agosto el número de especies alcanza su máximo. Al borde de la ciénaga se forma una franja lodosa donde se desarrollan plantas rastreras y marginales. El nivel del agua permite que las plantas sumergidas y flotantes se asienten. En estos meses se ven muchos individuos juveniles de especies como _Echinodorus bracteatus_ y _Thalia geniculata_ que depositan sus semillas en la época lluviosa. Los vegetales que se murieron en la época húmeda se pudren y sirven como fertilizante en la ciénaga. Esto es otro factor que influye en el desarrollo óptimo de las plantas en este período.

A medida que el nivel del agua en la ciénaga va disminuyendo, muchas especies desaparecen. En diciembre la mayor parte de la ciénaga se ha convertido en un casco seco. En las dos ciénagas están ausentes todas las plantas sumergidas, flotantes y de hojas flotantes, porque dependen de la presencia de agua en la ciénaga. _Eichhornia crassipes_ se desarrolla en este mes, pero adquiere las características morfológicas de una planta emergente. Hay un buen desarrollo de plantas marginales. Las plantas emergentes están presentes, pero son poco vigorosas, sin flores ni frutos. En La Chivera se registró una planta rastrera, _Asteraceae sp. 2_, que está presente desde mayo, haciéndose en ésta época dominante. Esta especie es anfibia, desarrollándose tanto en el agua como fuera de ella.

Al empezar la época lluviosa a fines de diciembre, se repite el ciclo descrito; el nivel del agua empieza a subir y a principios de marzo ya se encuentra _Ceratophyllum demersum_, _Nymphaea sp._ y _N. blanda_, especies que

DINAMICA DE LAS FORMAS DE VIDA — LA CHIVERA

Forma de Vida	Especie	Fecha COBERTURA	AGO-13 1 2 3 4	SEP-3 1 2 3 4	OCT-9 1 2 3 4	NOV-2 1 2 3 4	DIC-19 1 2 3 4	ENE-28 1 2 3 4	MAR-16 1 2 3 4	MAY-18 1 2 3 4	JUL-20 1 2 3 4
1. MARGINAL	Asteraceae sp. 1		.X..	.X..	X...	X...	X...	X...	.X..	.X..	...X
	Batis maritima		X...	X...	X...	X...	X..X			.X..	...X
	Eleocharis maritima		.X..	.X..	.X..	.X..			X...	X...	...X
	Scirpus sp.										...X
2. RASTRERA	Neptunia prostrata		X...	.X..	.X..	.X..	X...	X...		...X	...X
	Asteraceae sp. 2		.X..	.X..					X...	.X..	...X
	Chorchorus orinocensis										
3. EMERGENTE	Echinodorus bracteatus		X...	X...	.X..	.X..	.X..	X...	.X..	X...	X...
	Typha latifolia		.X..	.X..	..X.	..X.	X...			..X.	...X
4. HOJAS FLOTANTES	Nymphaea sp.		X...	X...	X...				.X..	.X..	.X..
	Nymphaea blanda		X...	X...	X...				.X..	.X..	.X..
5. FLOTANTE	Eichhornea crassipes		X...	.X..	.X..	.X..	X...		.X..	X...	...X
	Hydrocleis nymphoides		.X..						.X..	.X..	...X
	Lemna minima		.X..								
	Limnobium stoloniferum		.X..	.X..					..X.	..X.	...X
	Limnocharis flava		..X.	..X.							...X
	Pistia stratiotes		.X..								...X
	Salvinia sp.		X...	.X..					.X..	.X..	...X
	Spirodela polyrrhiza		.X..								...X
6. SUMERGIDA	Ceratophyllum demersum		X...		.X..				.X..	X...	.X..
	Najas sp.		.X..						..X.		...X
Numero de especies por frecuencia			3 5 2 9	2 4 7 1	0 4 6 0	0 4 3 0	1 2 1 3	1 1 1 0	1 3 1 3	2 4 3 6	3 3 3 12
Numero total de especies presentes			19	14	10	7	7	3	8	15	21

Numero de especies por forma de vida

	AGO-13	SEP-3	OCT-9	NOV-2	DIC-19	ENE-28	MAR-16	MAY-18	JUL-20
1. MARGINAL	3	3	3	3	3	1	2	2	4
2. RASTRERA	2	2	1	2	1	1	1	3	3
3. EMERGENTE	2	2	2	2	2	1	2	2	2
4. HOJAS FLOTANTES	2	2	1	1	1	0	0	5	8
5. FLOTANTES	8	4	1	0	1	0	2	1	2
6. SUMERGIDAS	2	1	1	0	0	0	0	1	2
Numero de formas de vida presente	6	6	6	4	4	3	5	6	6

COBERTURA:
1 - Cobertura alta (76-100%)
2 - Cobertura media alta (51-75 %)
3 - Cobertura media baja (26-50 %)
4 - Cobertura baja (1-25 %)

DINAMICA DE LAS FORMAS DE VIDA - EL BEJUCO.

Forma de Vida	Especie	Fecha / Cobertura	AGO-12 1	2	3	4	SEP-4 1	2	3	4	OCT-8 1	2	3	4	NOV-3 1	2	3	4	DIC-20 1	2	3	4	ENE-29 1	2	3	4	MAR-17 1	2	3	4	MAY-17 1	2	3	4	JUL-19 1	2	3	4
1.MARGINAL	Canna sp.			X																																		X
	Solanum sp.															X				X				X					X				X					X
	Hymenachne donacifolia			X						X				X			X			X			X			X				X				X				X
2.RASTRERA	Polygonum sp.		X					X																									X				X	
3.EMERGENTE	Echinodorus bracteatus			X																																		X
	Thalia geniculata		X					X				X				X				X				X				X				X				X		
5.FLOTANTE	Ceratopteris pteridioides			X					X				X				X				X																	X
	Eichhornea crassipes		X				X				X				X				X				X				X				X							
	Hydrocotyle umbellata		X				X				X					X			X												X							
	Lemna minima		X				X				X				X																X							
	Limnobium stoloniferum			X				X				X					X																					X
	Pistia stratiotes		X				X				X				X																X							X
	Spirodela polyrrhiza		X																																			X
6.SUMERGIDA	Ceratophyllum demersum		X				X				X																		X			X				X		
Numero de especies por frecuencia			3	3	3	4	1	4	2	3	0	4	3	2	0	1	5	0	1	0	3	0	1	0	1	2	1	0	1	1	1	4	1	2	4	2	1	6
Numero total de especies presentes			13				10				9				6				4				4				3				8				13			

Numero de especies por forma de vida

	AGO-12	SEP-4	OCT-8	NOV-3	DIC-20	ENE-29	MAR-17	MAY-17	JUL-19
1. MARGINAL	2	1	1	2	2	2	1	2	2
2. RASTRERA	1	1	0	0	0	0	0	1	1
3. EMERGENTE	2	1	1	1	1	1	1	1	2
5. FLOTANTE	7	6	6	3	1	1	0	3	7
6. SUMERGIDA	1	1	1	0	0	0	1	1	1
Numero de formas de vida presente	5	5	4	3	3	3	3	5	5

COBERTURA: 1 - Cobertura alta   (76-100%)
2 - Cobertura media alta (51-75 %)
3 - Cobertura media baja (26-50 %)
4 - Cobertura baja   (1-25 %)

necesitan una buena cantidad de agua para sobrevivir. La presencia de las diferentes formas de vida durante el año está representada en la Fig. 9, D. Muchas especies que están anotadas como ausentes en las ciénagas en los meses desfavorables permanecen en algún estado de latencia, sea en forma de semillas, bulbos o rizomas, hasta que las condiciones ambientales se hagan favorables.

La curva del número de especies de cobertura baja (menos que 25 %) durante el año en las dos ciénagas (Fig. 9, C) muestra que a mayor número de especies presentes hay mayor número de especies de cobertura baja. Así, en julio las condiciones en las ciénagas permiten el establecimiento de un mayor número de especies, aumentando así la competencia por lo que las especies se mantienen en niveles bajos de cobertura. En los meses secos el número de especies es menor, y la competencia entre las especies es baja. Por ejemplo en noviembre no hay especies de cobertura baja. A medida que aumenta la diversidad, las especies van teniendo menor cobertura, existiendo una relación inversa entre la cobertura y la diversidad.

En Fig. 9, E se grafica en qué formas de vida se encontró especies abundantes durante el año. En El Bejuco en diciembre se registró una planta marginal abundante, Hymenachne donacifolia, ya que hay suficiente espacio físico para el desarrollo de este tipo de vegetación. Lo mismo ocurrió en La Chivera con una planta rastrera, Asteraceae sp. 2, que tiene los requerimientos de espacio físico similares a los de una planta marginal. Cuando el nivel del agua es muy alto, hay dominancia de la planta sumergida, Ceratophyllum demersum. En julio y agosto, la dominancia está compartida entre las plantas sumergidas, flotantes y emergentes, porque son meses de relativa estabilidad, en los que plantas con estas formas de vida pueden desarrollarse óptimamente. Es decir, la abundancia de especies diferentes en las formas de vida está determinada por el nivel del agua en las ciénagas.

IV. ADAPTACIONES DE LAS FORMAS DE VIDA.

Para que las plantas estudiadas hayan podido desarrollarse en las formas de vida según la dinámica descrita, han tenido que recurrir a una serie de mecanismos adaptativos.

Para cumplir el ciclo vital el organismo depende de un conjunto de requerimientos básicos. Aproximándose a los límites de tolerancia de una especie, las ciénagas se convierten en condiciones limitantes. Un ecosistema de agua dulce tiene condiciones limitantes cuando las concentraciones de oxígeno, anhídrido carbónico, nitratos, sulfatos y otras sales orgánicas son más bajas que en el aire o en el suelo. Las plantas terrestres realizan la absorción e intercambio gaseoso a través de los estomas en los órganos aéreos. Los órganos sumergidos de las plantas acuáticas carecen de estomas ya que la absorción e intercambio gaseoso en los órganos sumergidos se realizan por simple difusión que es un proceso más lento.

Otros factores limitantes en el medio acuático es la deficiencia de luz para la fotosíntesis, la falta de espacio físico para enraizarse y la presencia de corrientes que arrastran y dañan las plantas.

La adaptación es la capacidad que tiene una especie para responder a las condiciones limitantes en el medio ambiente, modificando sus órganos de acuerdo a sus necesidades. Se puede clasificar las adaptaciones en dos tipos:

1) Los mecanismos adaptativos genotípicos, presentes en todos los individuos de una especie, están codificados en los genes y por lo mismo, son heredables. Los mecanismos genotípicos se pueden subdividir en morfológicos y anatómicos.
2) Los mecanismos adaptativos fenotípicos son modificaciones producidas por factores ambientales. Un mecanismo adaptativo fenotípico dado no está necesariamente presente en todos los individuos de una especie, aunque todos poseen la potencialidad para desarrollarlo. Este fenómeno se llama **plasticidad fenotípica**.

36

En las seis formas de vida se observó las siguientes adaptaciones:

Plantas rastreras:
Individuos de esta forma de vida pueden cubrir áreas grandes, ya que únicamente tienen que alargar sus tallos postrados para cubrir un área mayor. Estas plantas tienen la raíz anclada al suelo al borde de la ciénaga desarrollando raíces adventicias en el agua para aumentar la superficie de absorción.
Neptunia prostrata que pertenece a esta forma de vida muestra plasticidad fenotípica (Fig. 10, E-F). Crece indistintamente en la tierra y en el agua, desarrollándose vigorosamente en los dos medios. En tierra N. prostrata posee un tallo hueco, verde y postrado, sin raíces adventicias. En el agua el tallo se cubre de un tejido algodonoso blanco y grueso, desarrollando estolones y raíces adventicias. El tejido algodonoso hace que la densidad de la planta sea menor que la densidad del agua y por eso la planta puede flotar. Las raíces adventicias aumentan la superficie de absorción de nutrientes. La raíz principal al borde de la ciénaga impide que la planta sea arrastrada por la corriente. Los estolones constituyen una buena estrategia reproductiva en este medio limitante.

Plantas emergentes:
Las plantas emergentes poseen una parte de sus órganos dentro del agua y otra fuera, afrontando tanto la falta de oxígeno y sales en el agua como los problemas propios del medio terrestre (evapotranspiración y captación de anhídrido carbónico a través de estomas). El oxígeno se produce en las hojas por la fotosíntesis, pasando a las raíces enterradas en el suelo lodoso e insuficiente en oxígeno. El paso del oxígeno a través del pecíolo o tallo se facilita por la presencia de un tejido aerífero. Estas plantas son erectas, necesitando por eso de soporte mecánico. Las especies que han desarrollado esta forma de vida son perennes, por lo que el ciclo de la lluvia interviene principalmente en la floración. En temporadas muy secas algunos individuos permanecen latentes en forma de rizomas.
Se puede demostrar las adaptaciones de esta forma de vida en la especie Echinodorus bracteatus (Fig. 10, A-B, 11):
La planta tiene una raíz robusta y bulbosa, permitiéndole adherirse fuertemente al lodo y no ser arrastrada por la corriente, especialmente en los meses de alta precipitación. Estos bulbos se mantienen una vez que el resto de la planta se ha marchitado, y vuelven a producir hojas y flores, cuando las condiciones ambientales sean favorables.
La hoja tiene un pecíolo erecto y rígido, parcialmente sumergido, de

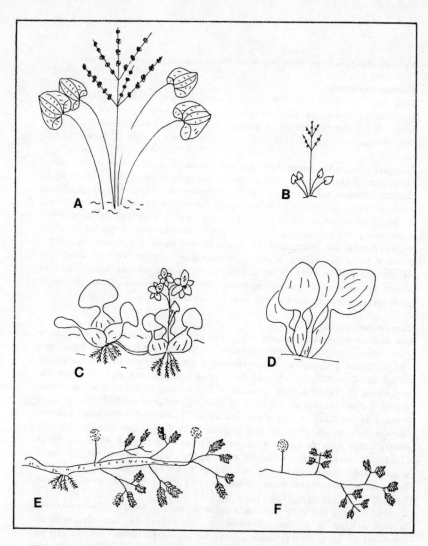

FIG. 10. Plasticidad fenotípica de _Echinodorus bracteatus_ (A, B), una planta emergente; de _Eichhornia crassipes_ (C, D), una planta flotante; y de _Neptunia prostrata_ (E, F), una planta rastrera. - A, C y E representan formas acuáticas. - B, D y F representan formas terrestres.

contextura fibrosa y áspera. La forma triangular del pecíolo le da más rigidez. La corteza del pecíolo es rica en colénquima. Las aristas del borde están reforzadas por esclerénquima. Ambos tejidos le dan rigidez. El centro del pecíolo contiene aerénquima con lagunas aéreas bien organizadas y simétricas. El oxígeno se difunde fácilmente desde la lámina a través de las lagunas hacia los órganos sumergidos para ser utilizados en la respiración.

Ambos lados de la lámina tiene una epidermis con cutícula y estomas por los cuales penetra el anhídrido carbónico para la fotosíntesis. El parénquima lagunoso constituye las 2/3 partes del mesófilo y los espacios intercelulares del parénquima de empalizada son amplios. Además hay tejidos de soporte que dan rigidez a la hoja (Fig. 11).

Echinodorus bracteatus muestra una plasticidad fenotípica (Fig. 10, A-B). Posee un gran escapo que sustenta una panícula. Hay variación en el número de ramas, verticilos de flores y flores. El largo y ancho de la hoja son otros parámetros variables. Individuos en el centro de la ciénaga alcanzan tamaños superiores a 1.5 m, las hojas son grandes, el escapo floral es muy ramificado y cada rama posee un número elevado de verticilos. Individuos al borde de la ciénaga tienen un tamaño de unos 50 cm, hojas con cortos pecíolos, lámina pequeña y escapo floral corto y poco ramificado. Gracias a los mecanismos genotípicos que ha desarrollado, E. bracteatus es una especie bien adaptada al medio acuático dulce, rico en humedad, pobre en oxígeno. Posee la capacidad de colonizar medios menos húmedos. Como no es su medio original, las plantas que se desarrollan allí son menos vigorosas.

Plantas de hojas flotantes:

Son plantas en las que solamente las hojas y las flores flotan en la superficie del agua. Los estomas se encuentran confinados a la superficie de la hoja que está en contacto con el aire. El tejido próximo a la superficie en contacto con el agua posee grandes espacios aéreos, facilitando el flote. Las plantas con esta forma de vida se encuentran en el centro de la ciénaga. Poseen un fuerte rizoma y el tejido del pecíolo es flexible, impidiendo que la planta sea arrastrada o dañada por las corrientes. Poseen una gran dependencia del agua, así que en los meses de bajo nivel de agua no están presentes en las ciénagas, o están presentes en alguna forma latente.

Nymphaea sp., un ejemplo de esta forma de vida (Fig. 12), posee raíces largas y esponjosas, facilitando la difusión del oxígeno. Estas raíces se originan de un robusto rizoma, fuertemente adherido al suelo cenagoso, impidiendo que sea arrastrada por las corrientes. La hoja es flotante, con

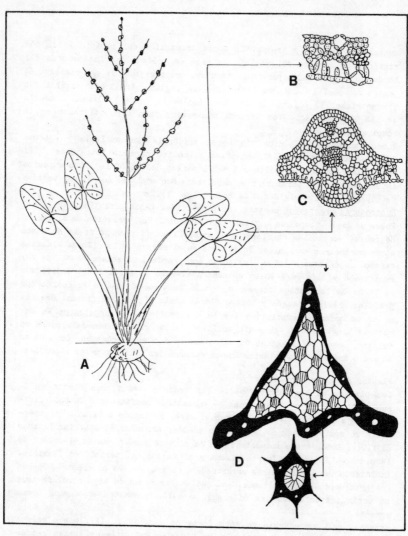

FIG. 11. Adaptaciones morfológicas y anatómicas de una planta emergente, _Echinodorus_ _bracteatus_. - A, aspecto general. - B y C, corte de la lámina mostrando epidermis con estomas y mesófilo, - D, corte transversal del pecíolo mostrando su forma triangular y el mesófilo con aerénquima.

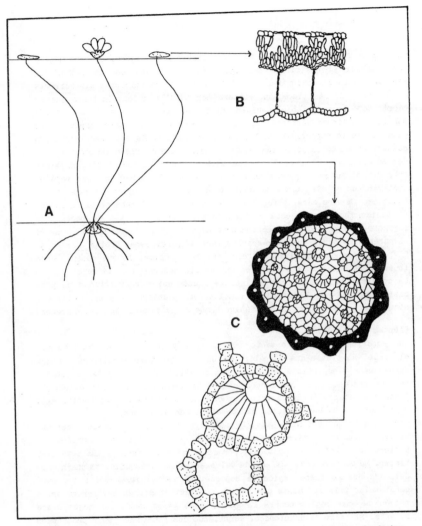

FIG. 12. Adaptaciones morfológicas y anatómicas de una planta de hojas flotantes, _Nymphaea_ sp.. - A, aspecto general. - B, corte transversal de la hoja indicando epidermis, clorénquima y lagunas aéreas. - C, corte del pecíolo mostrando el tejido aerenquimatoso en el centro.

un pecíolo sumergido y por lo mismo, flexible y esponjoso. De esta manera puede seguir el movimiento del agua sin que sus tejidos se dañen. Por ser sumergida, la anatomía del pecíolo presenta una epidermis sin cutícula ni estomas. Además tiene una corteza con células colenquimatosas que da cierto soporte mecánico al pecíolo. El tejido fundamental está constituído por lagunas aéreas bastante regulares, a través de las cuales circulan los gases desde la superficie de las hojas en contacto con el aire, hasta las raíces. La anatomía de la lámina de la hoja presenta una diferencia en las dos superficies: la superficie que está en contacto con el agua no tiene cutícula ni estomas, porque no son necesarias. La superficie que está en contacto con el aire tiene abundantes estomas, para suplir la ausencia de éstas, en la otra cara, y facilitar de esta manera el intercambio gaseoso. El tejido fundamental está conformado por las 2/3 partes de parénquima lagunoso, que se localiza próximo a la superficie en contacto con el agua. El parénquima posee grandes espacios aéreos, permitiendo flotar a la hoja. El parénquima de empalizada es rico en cloroplastos, lo que contrarresta la ausencia total de luz solar en una de las dos caras de la hoja.

La combinación de las características anatómicas y morfológicas ha permitido que N. sp. haya podido resolver el problema de espacio físico, situándose en el centro de la ciénaga donde otras plantas no pueden crecer.

Plantas flotantes:

Las especies están en contacto con el agua y con el aire, pero no con el suelo. No tienen que competir por un sustrato para enraizarse, ya que aprovechan la superficie del agua para establecerse, pero están limitadas por la presencia de corrientes y por las sequías. La raíz cumple la función de absorción únicamente, no anclando a la planta. Como estrategia reproductiva, muchas especies han desarrollado estolones.

Como ejemplo se ha tomado Limnocharis flava (Fig. 13) que posee numerosas raíces individuales fibrosas, que aumentan la superficie de absorción. El pecíolo es altamente esponjoso, y por lo mismo menos denso y más apto para flotar. Su corteza está conformada únicamente por parénquima. Es una hierba delicada que no tiene tejido de soporte. El tejido fundamental que está constituído principalmente por tejido aerenquimatoso, es muy irregular. A través de este tejido ocurre la difusión de gases desde las hojas hasta la raíz. El tallo es estolónico, cumpliendo dos funciones: de reproducción vegetativa en un medio limitante, y de barrera física, impidiendo que las plantas sean arrastradas por la corriente, porque es más difícil arrastrar a un grupo de plantas unidas por un estolón, que a una planta solitaria. Muchas especies de plantas flotantes han mostrado plasticidad fenotípica,

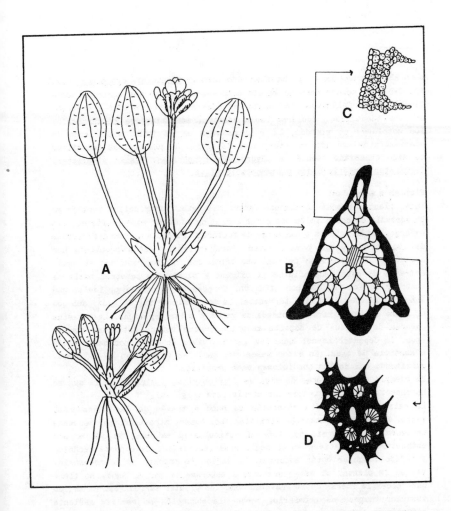

FIG. 13. Adaptaciones morfológicas y anatómicas de una planta flotante, _Limnocharis_ _flava_. - A, aspecto general. - B, corte transversal del pecíolo con lagunas aéreas. - C, pared del pecíolo con tejido parenquimatoso. - D, centro del pecíolo con tejido vascular.

pero más frecuentemente se ha observado esto en _Eichhornia crassipes_ (Fig. 10, C-D). En condiciones de sequía esta especie sufre una serie de modi-ficaciones morfológicas: las hojas redondas se hacen ovaladas y erectas, con una tendencia a doblarse hacia adentro, manteniéndose la turgencia; los estolones se pierden; la raíz se fija en el lodo, adquiriendo la apariencia de una especie emergente. Este tipo de plasticidad fenotípica ha sido observado también en _Hydrocleis nymphoides_, _Pistia stratiotes_, _Ceratopteris pteridioides_ y _Limnocharis flava_.

Plantas sumergidas:

Estas plantas crecen totalmente dentro del agua. Su principal ventaja es la ausencia de competición con otras formas de vida por espacio físico; sin embargo, están sujetas a una serie de factores limitantes, como deficiencia de luz solar, gases y nutrientes. Para enfrentar estos problemas han aumentado la superficie de contacto tanto con la luz como con el agua. A través de estas superficies el oxígeno y nutrientes penetran hacia el interior de los tejidos por difusión. Carecen de estomas y cutícula, que son adaptaciones a la vida terrestre. La epidermis es muy delgada, así que no opone resistencia a la entrada de gases y sales orgánicas. Las plantas carecen de tejidos de soporte mecánico porque están sostenidas por el agua. La dependencia del agua les impiden vivir en meses con deficiencia o ausencia de agua. En estos meses sus semillas permanecen en latencia, germinando cuando las condiciones sean propicias.

Un ejemplo de esta forma de vida es _Ceratophyllum demersum_, en la que se ha observado las siguientes características (Fig. 14).

La raíz es ausente. La absorción se hace a través de las hojas y el tallo. El tallo es sumamente flexible, casi hueco, atravesado por pequeños tabiques. Su epidermis no tiene ni cutículas ni estomas, ya que no son estructuras adaptativas en el medio acuático. Tejido de soporte mecánico y tejido vascular están ausentes. El tejido de soporte no es necesario, ya que la planta, al estar sustentada enteramente por el agua, no tiene que vencer la fuerza de la gravedad como las plantas terrestres. El tejido vascular tampoco es necesario, porque la absorción se realiza mediante difusión en toda la superficie de la planta. El tejido fundamental contiene 2 o 3 lagunas aéreas grandes e irregulares. Estas lagunas mantienen la densidad de la planta igual a la del agua. Por eso la planta ni flota ni cae al fondo de la ciénaga, sino se mantiene suspendida en el agua. Sus hojas están divididas en 4 partes delgadas, lineales y delicadas, aumentando la superficie de absorción desde el agua hacia el interior de la hoja, así como la superficie de contacto con la escasa cantidad de luz

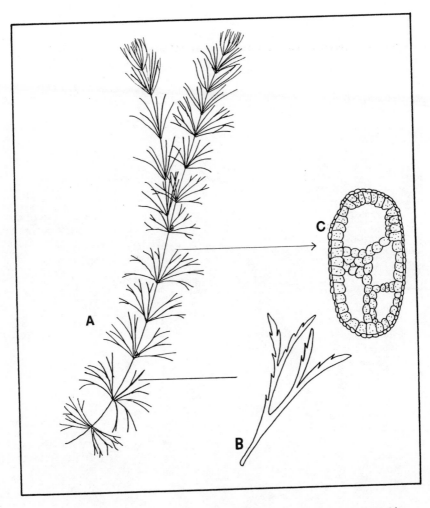

FIG. 14. Adaptaciones morfológicas y anatómicas de una planta sumergida, Ceratophyllum demersum. - A, aspecto general. - B. detalle de la hoja; - C, corte transversal del tallo.

solar que penetre hacia el interior de la ciénaga.

6 CONCLUSIONES.

La flora de las dos ciénagas estudiadas es diferente tanto cuantitativa como cualitativamente. Esto se debe a la diferencia de salinidad entre las dos ciénagas, al aislamiento de El Bejuco, y al contacto que tiene La Chivera con otras ciénagas.

En el inventario botánico se encontró 28 especies; 14 en El Bejuco y 21 en La Chivera. 7 especies (el 25 %) están presentes en ambas ciénagas.

Las especies botánicas pertenecen a grupos filogenéticos distintos, sin embargo han podido desarrollar respuestas adaptativas y ecológicas similares frente a los mismos problemas ambientales.

Estas especies han desarrollado 6 formas de vida, con características morfológicas y ecológicas propias. Estas son: marginales, rastreras, emergentes, de hojas flotantes, flotantes y sumergidas.

La dinámica de las especies está regulada por la cantidad de precipitación de la cual depende tanto el número y la frecuencia como la fenología de las especies y de las formas de vida, produciéndose un ciclo anual.

En los meses que presentan condiciones extremas tanto de sequedad (noviembre y diciembre) como de exceso de lluvia (marzo) se registró un menor número de especies. En los meses de julio y agosto, por ser los más estables, se registró el número más alto de especies, pero las especies se mantuvieron en bajos porcentajes de cobertura, porque la competición entre las especies aumentó.

Para poder vivir bajo esta variación estacional, y para resolver los problemas inherentes al medio acuático (corrientes, deficiencia de nutrientes, de sustrato para enraizarse) las especies han desarrollado respuestas adaptativas. Los mecanismos adaptativos genotípicos se manifiestan en todos los individuos de una especie, mientras que los mecanismos adaptativos fenotípicos pueden manifestarse en cualquier individuo, cuando las condiciones ambientales lo exijan.

Mecanismos adaptativos genotípicos:

En la raíz se ha encontrado las siguientes modificaciones: las especies emergentes tienen raíz robusta para adherirse fuertemente al suelo. La raíz de las especies flotantes es fibrosa, aumentándose la superficie de absorción de nutrientes. Las especies sumergidas no tienen raíz.

Los pecíolos y tallos de las plantas de hojas flotantes son sumergidos y flexibles para no ser dañados por las corrientes de agua, y esponjosos para alivianar el peso, facilitando la flotación.

Muchas especies flotantes han desarrollado estolones como mecanismo de reproducción vegetativa.

Las hojas de las especies sumergidas cumplen el papel de absorción además de la función fotosintética, siendo altamente divididas para aumentar la superficie de contacto con el agua y la luz. Las plantas de hojas flotantes tienen hojas delicadas y flexibles para no ser dañadas por las corrientes.

La epidermis de los distintos órganos tienen cutícula delgada y escasa cantidad de estomas, impidiendo la salida de oxígeno hacia el exterior. Los tejidos internos poseen sistemas de lagunas que facilitan la difusión de oxígeno hacia los tejidos sumergidos. El tejido vascular es imperfecto y el tejido de sostén es escaso o inexistente.

Mecanismo adaptativo fenotípico:

Se registró tres ejemplos de plasticidad fenotípica: En _Echinodorus_ _bracteatus_ hay plantas que se desarrollan en el centro de la ciénaga, son vigorosas, de 1.5 a 2 m.; otras son pequeñas y poco vigorosas, desarrollándose al borde de la ciénaga. En _Neptunia_ _prostrata_ los individuos que se desarrollan dentro del agua poseen un tejido algodonoso. Por último, algunas especies flotantes, entre ellas _Eichhornia_ _crassipes_, crecen en épocas de sequía con hojas rígidas, erectas y poco florecidas.

7 ENGLISH SUMMARY.

Ecology and adaptions of some vascular aquatic plants of Ecuador. Elizabeth Bravo Velázquez and Henrik Balslev, Rep. Bot. Inst. Univ. Aarhus 11:1-50. 1985.

Two swamps in coastal Ecuador house 28 sp. of vascular plants, belonging to 6 lifeforms (marginals, creepers, emergents, plants with floating leaves, floating plants and submerged plants). The lifeforms show annual changes in coverage which are correlated to variation in precipitation. Their morphological and anatomical adaptions are explained.

LITERATURA.

Anderson, L. 1981. Revision of the _Thalia geniculata_ L. complex (_Maranta-ceae_). Nord. J. Bot. Vol. 1: 48-56.

Aviación Civil. Departamento de Climatología. 1980-1981. Boletín Meteoro-lógico, Aeropuerto "Los Perales" - Manabí.

Braun Blanquet, J. 1979. Fitosociología. H. Blume Editores, Madrid.

Bravo Velásquez, E. 1983. Ecología y Adaptaciones de algunas Plantas acuáticas del Ecuador. Tesis. Pontificia Universidad Católica del Ecuador, Quito. Pp. 1-103.

Dajoz, R. 1979. Tratado de Ecología. Ediciones Mundi-Prensa, Madrid.

Esau, K. 1976. Anatomía vegetal. OMEGA, Barcelona.

Heywood, v. 1978. Flowering plants of the world. Mayflower Books, New York.

Sierra, J., A. Vera, T. Fullerton y J. Cárdenas. 1970. Problemas de malezas en sistemas de riego. Instituto Colombiano Agropecuario, Bogotá.

Sokal, R. 1979. Biometría. H. Blume Editores, Madrid.